计算机辅助设计与制造
课程实验指导书

主编 刘少丽　丁晓宇

主审 刘检华

北京理工大学出版社
BEIJING INSTITUTE OF TECHNOLOGY PRESS

图书在版编目（CIP）数据

计算机辅助设计与制造课程实验指导书/刘少丽，丁晓宇主编. —北京：北京理工大学出版社，2015.7（2023.8 重印）

ISBN 978 - 7 - 5682 - 0964 - 9

Ⅰ.①计… Ⅱ.①刘… ②丁… Ⅲ.①计算机辅助设计 – 高等学校 – 教学参考资料 ②计算机辅助制造 – 高等学校 – 教学参考资料 Ⅳ.①TP391.7

中国版本图书馆 CIP 数据核字（2015）第 172755 号

出版发行 / 北京理工大学出版社有限责任公司

社　　址 / 北京市海淀区中关村南大街 5 号

邮　　编 / 100081

电　　话 / （010）68914775（总编室）
　　　　　　（010）82562903（教材售后服务热线）
　　　　　　（010）68944723（其他图书服务热线）

网　　址 / http://www.bitpress.com.cn

经　　销 / 全国各地新华书店

印　　刷 / 北京虎彩文化传播有限公司

开　　本 / 710 毫米 × 1000 毫米　1/16

印　　张 / 4.5

字　　数 / 56 千字

版　　次 / 2015 年 7 月第 1 版　2023 年 8 月第 3 次印刷

定　　价 / 15.00 元

责任编辑 / 钟　博

文案编辑 / 钟　博

责任校对 / 周瑞红

责任印制 / 王美丽

前　言

　　计算机辅助设计与制造（CAD/CAM）技术是随信息技术的发展而形成的一门高新技术，它的应用和发展引起了社会和生产的巨大变革，因此 CAD/CAM 技术被视为 20 世纪最杰出的工程成就之一。目前，CAD/CAM 技术已成为企业实现数字化设计与制造的关键技术，是当今工程技术人员必须掌握的基本工具。

　　本书是"计算机辅助设计与制造"课程实验环节的指导教材，以机械工程及自动化专业的本科生为主要对象，基于"计算机辅助设计与制造"课程的基本理论和方法，通过三维实体建模实验、数控编程实验、有限元分析实验和 3D 打印实验，训练学生应用 CAD/CAM 软件工具从事产品开发、优化分析、生产和系统集成的综合能力，教学时长为 6~8 学时。

　　三维建模实验和数控编程实验基于先进的 CAD/CAM 集成系统——UG NX，该部分实验的目的是帮助学生掌握产品造型设计和数控自动编程技术的基本技能；有限元分析实验基于有限元分析软件 ANSYS，该部分实验的目的是帮助学生掌握计算机辅助工程分析的基本流程；3D打印实验基于桌面型 3D 打印设备，该部分实验的目的是帮助学生了解增材制造的基本原理及过程。

　　本指导书根据北京理工大学的《CAD/CAM 原理 A 实验大纲》（2015 版），并参考相关的教材和资料编写。本书的第 2、3、4、5、6

章由刘少丽编写，第 7 章由丁晓宇编写，第 1、8 章由刘少丽与丁晓宇共同编写。

全书由北京理工大学刘检华教授主审，在此表示感谢。

由于编者水平有限，书中的不足、不妥之处在所难免，敬请读者批评指正。

编　者

于北京理工大学

目　录

第 1 章

目的和意义

三维建模（零件实体建模与毛坯实体建模）实验和数控编程实验基于先进的 CAD/CAM 集成系统——UG NX，其目的是帮助学生巩固所学的三维建模及数控编程理论、原理和方法，掌握产品设计和数控自动编程技术的基础知识。

➢ 了解 UG 软件的功能结构，掌握不同的实体模型的生成方法；

➢ 了解特征建模的原理，掌握几何建模的原理和方法，学会根据不同的零件特点选择合适的建模方式，掌握模型的建立和管理方法；

➢ 根据具体零件建立三维模型，利用 CAM 系统的数控编程功能完成数控程序的编制；

➢ 完成加工过程仿真和数控后置处理；

➢ 深入理解产品数字化设计与制造过程和方法。

有限元分析实验基于有限元分析软件 ANSYS，其目的是帮助学生掌握计算机辅助工程分析的基本流程。

➢ 掌握有限元分析时几何建模的基本原则，学会在 ANSYS 中导入几何模型的操作；

➢ 掌握有限元分析时网格划分的基本原则，学会 ANSYS 中网格划分的基本操作；

➢ 掌握有限元分析时边界条件处理的基本原则，学会 ANSYS 中边界条件施加的基本操作；

➢ 完成有限元计算和数据后处理；

➢ 深入理解网格质量对计算结果的影响。

3D 打印实验基于桌面型 3D 打印设备——UP mini 及其自带软件，其目的是帮助学生基本了解增材制造的原理及过程。

> ➢ 了解增材制造的原理；

> ➢ 了解 3D 打印设备的工作过程，学会 UP mini 软件的操作；

> ➢ 根据具体零件建立三维模型，利用 3D 打印设备及其软件完成相关零件的 3D 打印。

第 2 章

实验条件

2.1 硬 件

➢ CPU：Intel 酷睿 i3 以上；

➢ 内存：4GB 以上；

➢ 硬盘：500GB 以上；

➢ 显示卡：支持 Open __GL 的 3D 图形加速卡，1024×768 以上的分辨率，真彩色，64 MB 以上的显示存储；

➢ 显示器：支持 1024×768 以上的分辨率；

➢ 光驱：4 倍速以上的光驱。

2.2 软 件

➢ 操作系统：Windows XP 以上的 Workstation 或 Server 版均可，或者是 Windows XP/Windows 7 操作系统；

➢ 硬盘格式：采用 FAT32 或 NTFS 格式；

➢ 网络协议：安装 TCP/IP；

➢ 显示卡驱动程序：配置分辨率为 1024×768 以上的真彩色。

第3章

实验内容

本教材的所有实验都将针对图 3-1 所示的零件进行，具体需要完成的实验内容包括：

（1）三维实体建模；

（2）数控编程和加工仿真；

（3）有限元静力学分析；

（4）3D 打印成型。

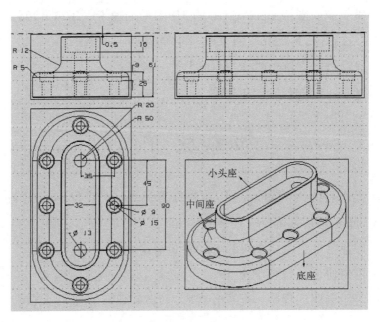

图 3-1　实验加工对象——封板

第4章

零件实体建模

4.1 进入实体建模应用模块

（1）启动 Unigraphics NX。

由"开始"→"程序"→"Siemens NX8.5"→"NX 8.5"启动 UG 系统。

（2）建立新部件文件

① 在 Unigraphics NX 环境中建立一个新的部件文件：选择"文件"→"新建"；

② 新部件文件规定测量单位：选择"毫米"，如图 4 – 1 所示；

③ 输入新部件文件名"feng ban"，单击"确定"按钮，部件文件被创建并且被装载到当前 UG 作业中。UG 对文件名有最长 26 个字符数的限制，附加的".prt"为部件文件的扩展名。

（3）选择建模应用模块。

单击"开始"→"所有应用模块"→"建模"，或者用快捷组合键"Ctrl + M"进入建模模块。

注：若不知道命令在哪，可以使用"命令查找器" [命令查找器] 。

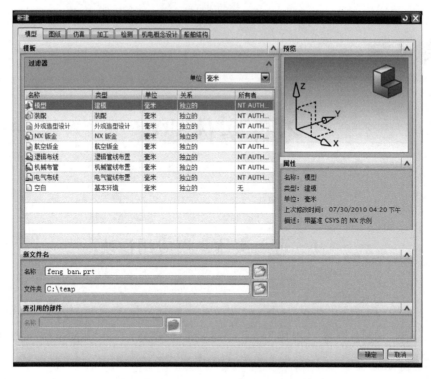

图 4-1　建立新零件文件

4.2　绘制草图

（1）选择图层：通过"格式"→"图层设置"命令弹出如图 4-2 所示的对话框。勾选"类别显示"，勾选"名称"栏中的"02 __ SKETCH"，展开"02 __ SKETCH"，将"图层 21"设为工作图层。

（2）直线：选择"插入"→"曲线"→"直线"命令，弹出"直线"对话框，单击"起点"处的图标　，弹出"点构造器"对话框，输入 X = 16，Y = 45，Z = 0，单击"确定"按钮，再单击"终点"处的点构造器，输入 X = 16，Y = -45，Z = 0，单击"确定"按钮生成直线，依照相同的方法再构造所需的剩余 5 条直线，其端点坐标依次为：（-16，45，0），（-16，-45，0）；（20，45，0），（20，-45，0）；

图 4 - 2　图层设置对话框

$(-20, 45, 0)$，$(-20, -45, 0)$；$(50, 45, 0)$，$(50, -45, 0)$；$(-50, 45, 0)$，$(-50, -45, 0)$。

（3）圆弧。

① 选择"插入"→"曲线"→"圆弧/圆"命令，弹出"圆弧/圆"对话框，单击"点构造器"进入"指定圆心"对话框，指定圆心坐标为 $(0, 45, 0)$，单击"确定"按钮返回"圆弧/圆"对话框，再通过点构造器指定终点坐标为 $(16, 45, 0)$，其余各个值的设定如图 4 - 3 所示。

图 4-3 圆弧操作设置

　　然后单击"确定"按钮便可生成连接圆弧，而后改变终点选择为 (20，45，0) 和 (50，45，0)，再生成两条圆弧。

　　② 选择"插入"→"曲线"→"圆弧/圆"命令，弹出"圆弧/圆"对话框，单击"点构造器"进入"指定圆心"对话框，指定圆心坐标为 (0，-45，0)，单击"确定"按钮返回弧对话框，再通过点构造器分别设定终点坐标为 (-16，-45，0)，(-20，-45，0)，(-50，-45，0)，其余各个值设定如上，依次生成三条连接圆弧即可完成草图绘制，如图4-4所示。

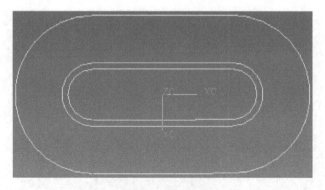

图 4 – 4　草图

4.3　建立定位基准

考虑到后续的建模过程中需要对一些点进行精确定位，为方便操作，建立两条正交直线以作为定位的基准。具体操作如下：

（1）选择图层：设置图层 22 为当前工作图层，方法和设置与图层 21 相同；

（2）选择"插入"→"曲线"→"直线"命令，构造端点坐标为 (0，100，0)，(0，–100，0)；(60，0，0)，(–60，0，0) 的两条正交直线。

4.4　零件实体建模

（1）选择图层：设置图层 11（类别为 01 __BODY）为当前工作图层，图层 21、图层 22 为可选图层。

（2）延伸实体。

① 单击"拉伸"弹出"延伸实体"对话框，单击 ，选取 4.2 节所作的草图（图 4 – 4）最外面的一圈封闭曲线为延伸对象，如图 4 – 5 所示。

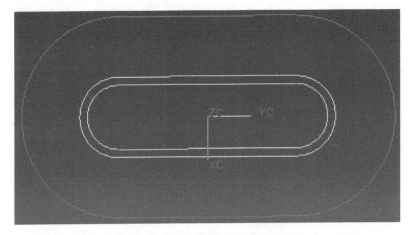

图 4 – 5   选取延伸对象

② 选好对象后单击"方向"按钮，再单击 进入"矢量"对话框，接受默认方向及其他默认设置，取"开始距离"为 0，"结束距离"为 25，其他设置采用默认值，然后单击"确定"按钮创建延伸实体，如图 4 – 6 所示。

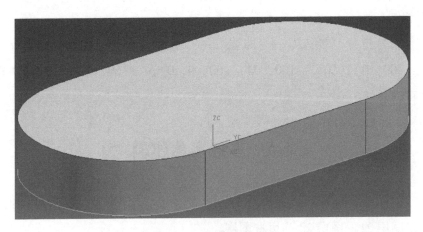

图 4 – 6   延伸实体结果

③ 单击"拉伸"按钮弹出"延伸实体"对话框，单击 ，选取 4.2 节所作的草图（图 4 – 4）的中间一圈封闭曲线为延伸对象，如图 4 – 7 所示。

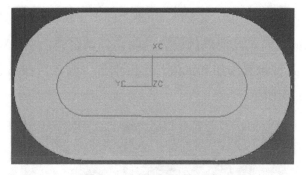

图 4 – 7　选取延伸对象

④ 选好对象后单击"方向"按钮，再单击 进入"矢量"对话框，接受默认方向及其他默认设置，取"开始距离"为 25，"结束距离"为 45，其他设置采用默认值，然后单击"确定"按钮创建延伸实体，如图 4 – 8 所示。

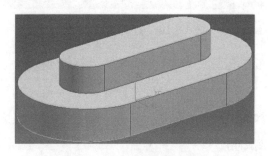

图 4 – 8　延伸实体结果

⑤ 单击"拉伸"按钮弹出"延伸实体"对话框，单击 ，选取 4.2 节所作的草图（图 4 – 4）中的中间两条封闭曲线为延伸对象，如图 4 –9 所示。

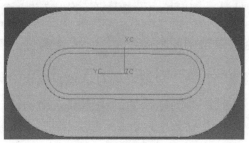

图 4 – 9　选取延伸对象

⑥ 选好对象后单击"方向"按钮，再单击![icon]进入"矢量"对话框，接受默认方向及其他默认设置，取"开始距离"为45，"结束距离"为61，其他设置采用默认值，然后单击"确定"按钮创建延伸实体，如图4-10所示。

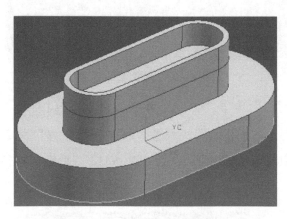

图4-10　延伸实体结果

（3）求和布尔运算。单击求和布尔运算命令![icon]，或者通过"插入"→"组合"→"求和"，然后选取4.4节步骤（2）中所作延伸实体所生成的三个实体为作用对象，单击"确定"按钮完成布尔运算。

（4）边缘倒圆角。

① 在工具条中单击倒圆角命令![icon]边倒圆，或者通过"插入"→"细节特征"→"边倒圆"打开"边倒圆"对话框，在该对话框中的"半径1"文本框中输入"5"，其他设置均采用默认值，然后利用鼠标单击选择底座上表面的外沿，而后单击"确定"按钮即可完成此倒圆角。

② 在工具条中单击倒圆角命令![icon]边倒圆，或者通过"插入"→"细节特征"→"边倒圆"打开"边倒圆"对话框，在该对话框中的"半径1"文本框中输入"12"，其他设置均采用默认值，然后利用鼠标单击选择凸台根部和底座上表面的交界线，而后单击"确定"按钮即可完成此倒圆角，如图4-11所示。

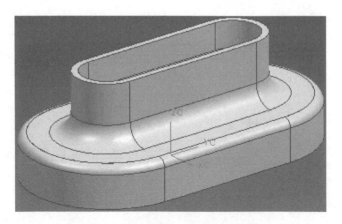

图 4 – 11　边缘倒圆角后的零件实体

（5）生成中间凹槽圆孔。

① 单击鼠标右键→"定向视图"→"俯视图"，转换视角到俯视角度，以方便操作。

在工具条中选取"孔"命令，或者通过"插入"→"设计特征"→"孔"，弹出"孔操作"对话框，选取类型为"常规孔"方式，在形状和尺寸中选取"简单孔"方式 📥，输入直径为13，深度为50，顶锥角值默认为118，选取"位置"中的"绘制截面" 🔲，弹出"创建草图"对话框。单击"选择平的面或平面"旁的 ✛，之后选择小头座凹槽内的上平面，单击"确定"按钮，弹出"草图点"对话框，单击 ✛，在"输出坐标"中输入坐标为（0，45，0），完成草图，回到"孔"对话框，单击"确定"按钮，完成孔的绘制。

② 使用"阵列特征"功能在存有特征的实体中做特征数组的复制，一次可以产生一个或多个实体。因为特征实体是有关联性的，如果改变了原始特征实体的参数，所有的实体也会跟着改变。通过"插入"→"关联复制"→"阵列特征"弹出"阵列特征"对话框，选择"圆形"数组方式，以上一步骤所生成的简单孔为特征实体，设置"数量"为2，"节距角"为180。采用旋转轴矢量为Z轴，指定点为原点，单击"确定"按钮即可生成所需要的孔。完成本步骤后的零件外

形如图 4 - 12 所示。

图 4 - 12　生成中间凹槽圆孔

（6）生成底座沉头孔。

① 在工具条中选取 （孔）命令，或者通过"插入"→"设计特征"→"孔"，弹出"孔操作"对话框，选取类型为"常规孔"方式，形状和尺寸选取"沉头孔" 方式，输入沉头直径为 15，沉头深度为 9，直径为 9，深度为 30，顶锥角默认为 118，选取"位置"中的"绘制截面" ，弹出"创建草图"对话框。单击"选择平的面或平面"旁的 ，之后选择底座的上表面，单击"确定"按钮，弹出"草图点"对话框，单击 ，在"输出坐标"中输入坐标为（0，80，0），完成草图，回到"孔"对话框，单击"确定"按钮，完成孔的绘制。

② 因为底座周围的 8 个沉头孔的尺寸完全相同，所以可以用"阵列特征"功能生成剩余的 7 个孔。由"插入"→"关联复制"→"阵列特征"弹出"阵列特征"对话框，选择"圆形"数组方式，以上一步骤所生成的沉头孔为特征实体。设置"数量"为 2，"节距角"为 90，采用旋转轴矢量为 Z 轴，指定点为（0，45，0），单击"确定"按钮生成一个新孔。

③ 由"插入"→"关联复制"→"阵列特征"弹出"阵列特征"对话框，选择"圆形"数组方式，以 4.4 - （6）-①步骤所生成的孔为特征实体。设置"数量"为 2，"节距角"为 180，采用旋转轴矢量

为 Z 轴，指定点为坐标原点，单击"确定"按钮再生成一个新孔。

④ 由"插入"→"关联复制"→"阵列特征"弹出"阵列特征"对话框，选择"线性"数组方式，以 4.4 –（6）–②步骤所生成的孔为特征实体。设置"方向 1"中的"数量"为 2，"节距"为 70，指定矢量为 XC 轴；设置"方向 2"中的"数量"为 3，"节距"为 – 45，指定矢量为 YC 轴，不勾选"对称"，单击"确定"按钮即可生成所需要的孔。完成本步骤后零件的外形如图 4 – 13 所示。

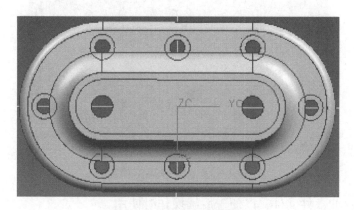

图 4 – 13　生成底座沉头孔

（7）倒斜角。

① 在工具条中单击倒斜角命令，或者通过"插入"→"细节特征"→"倒斜角"打开"倒斜角"对话框，选取"对称"方式，然后选取"沿面偏置边"方式，选取小头顶面外沿曲线为作用对象，输入斜角尺寸为 0.5，单击"确定"按钮即可完成对小头顶面外沿的倒角建模。

② 运用同①的方式，选取底座底面外沿曲线为作用对象，斜角尺寸为 1。

③ 运用同①的方式，选取底座上 8 个沉头孔的上表面圆为作用对象，斜角尺寸为 1。

4.5 存储零件模型

通过以上操作步骤后，已经完成零件实体建模，其外形如图 4 – 14 所示。

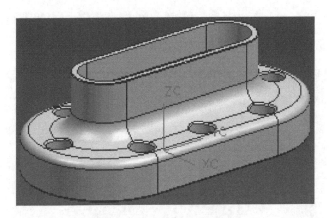

图 4 – 14 零件实体模型

保存此部件文件，以便于后续操作时使用。

第 5 章

毛坯实体建模

5.1　底座建模

（1）选择图层。选择图层 31 为当前工作图层，其他图层为不可见状态，为了方便观察，改变一下图层 31 的参数设置。

① 设置图层。选择图层 31 为工作图层，其他图层为不可见图层。

② 由路径"首选项"→"对象"弹出"对象首选项"对话框，选择"工作图层"为 31，选择"类型"为实体，将其"颜色"改为绿色，并指定其"透明度"为 70，其他设置为默认值不变，单击"确定"按钮关闭对话框。此时在图层 31 上作出的实体模型为绿色的、透明度为 70% 的实体。

（2）长方体建模。单击"插入"→"设计特征"→"长方体"，弹出"块"操作对话框，选取 ▢（原点和边长）创建方式，输入矩形体尺寸长度为 104，宽度为 90，高度为 29。用点构造器 ⊞ 确定矩形体原点，输入原点坐标为 X = − 52，Y = − 45，Z = − 2。然后单击"确定"按钮即可生成所要求的矩形体。

（3）圆柱体建模。

① 单击"插入"→"设计特征"→"圆柱"，弹出"圆柱"操作对话框，选择 ⬚（轴、直径和高度）创建方式，"指定矢量"为 ZC 轴，"指定点"为 XC = 0，YC = − 45，ZC = − 2。在"圆柱"操作对话框中

输入直径为 104，高度为 29。选择"布尔运算"为"求和"，选择体为 5.1 - （2）所建的长方体，单击"确定"按钮，即可生成所要求的圆柱体。

② 单击"插入"→"设计特征"→"圆柱"，弹出"圆柱"操作对话框，选择 （轴、直径和高度）创建方式，"指定矢量"为 ZC 轴，"指定点"为 XC = 0，YC = 45，ZC = -2。在"圆柱"操作对话框中输入直径为 104，高度为 29。选择"布尔运算"为"求和"，选择体为 5.1 - （2）所建的长方体，单击"确定"按钮，即可生成所要求的圆柱体。

5.2 中间座建模

（1）选择图层。选择图层 32 为当前工作图层，为了方便观察，改变一下图层 32 的参数设置。方法同图层 31。

（2）长方体建模。单击"插入"→"设计特征"→"长方体"，弹出"块"操作对话框，选取 （原点和边长）创建方式，输入矩形体尺寸长度为 52，宽度为 90，高度为 10。用点构造器 确定矩形体原点，输入原点坐标为 X = -26，Y = -45，Z = 27。然后单击"确定"按钮即可生成所要求的矩形体。

（3）圆柱体建模。

① 单击"插入"→"设计特征"→"圆柱"，弹出"圆柱"操作对话框，选择 （轴、直径和高度）创建方式，"指定矢量"为 ZC 轴，"指定点"为 XC = 0，YC = -45，ZC = 27。在"圆柱"操作对话框中输入直径为 52，高度为 10。选择"布尔运算"为"求和"，选择体为 5.2 - （2）所建的长方体，单击"确定"按钮，即可生成所要求的圆柱体。

② 单击"插入"→"设计特征"→"圆柱"，弹出"圆柱"操作对话框，选择 （轴、直径和高度）创建方式，"指定矢量"为 ZC 轴，

"指定点"为 XC = 0，YC = 45，ZC = 27。在"圆柱"操作对话框中输入直径为 52，高度为 10。选择"布尔运算"为"求和"，选择体为5.2 –（2）所建的长方体，单击"确定"按钮，即可生成所要求的圆柱体。

5.3 小头座建模

（1）选择图层。选择图层 33 为当前工作图层，为了方便观察，改变一下图层 33 的参数设置。方法同图层 31。

（2）长方体建模。单击"插入"→"设计特征"→"长方体"，弹出"块"操作对话框，选取 ▢（原点和边长）创建方式，输入矩形体尺寸长度为 44，宽度为 90，高度为 26。用点构造器 ⊞ 确定矩形体原点，输入原点坐标为 X = –22，Y = –45，Z = 37。

（3）圆柱体建模。

① 单击"插入"→"设计特征"→"圆柱"，弹出"圆柱"操作对话框，选择 ▯（轴、直径和高度）创建方式，"指定矢量"为 ZC 轴，"指定点"为 XC = 0，YC = –45，ZC = 37。在"圆柱"操作对话框中输入直径为 44，高度为 26。选择"布尔运算"为"求和"，选择体为5.3 –（2）所建的长方体，单击"确定"按钮，即可生成所要求的圆柱体。

② 单击"插入"→"设计特征"→"圆柱"，弹出"圆柱"操作对话框，选择 ▯（轴、直径和高度）创建方式，"指定矢量"为 ZC 轴，"指定点"为 XC = 0，YC = 45，ZC = 37。在"圆柱"操作对话框中输入直径为 44，高度为 26。选择"布尔运算"为"求和"，选择体为5.3 –（2）所建的长方体，单击"确定"按钮，即可生成所要求的圆柱体。

5.4 存储毛坯模型

完成以上操作后，所得毛坯实体模型如图 5 - 1 所示。

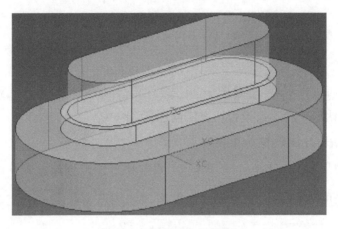

图 5 - 1 毛坯实体模型

保存此部件文件，以便于后续操作时使用。

第 6 章

零件数控编程

6.1　进入 CAM 模块

用快捷组合键"Ctrl + Alt + M"进入制造模块或者单击"开始"→"加工"。

6.2　选择加工环境

首次进入制造模块需要指定加工环境,在"加工环境"对话框的 CAM 设置列表中选"mill ＿ contour",单击"确定"按钮进入加工环境。

6.3　创建刀具

先对所要加工的工件进行分析,用平面铣、型腔铣和点位加工便可完成零件加工。每一道工序都应该使用最合适的刀具以达到更高的切削效率。针对本工件,总共需要用到 11 把刀具,具体见表 6 – 1。

表 6 – 1　刀具列表

刀具编号	刀具名	主要尺寸	用　途
1	MILL __30MM	D = 30	平面铣、型腔铣
2	MILL __10MM	D = 10	平面铣、型腔铣
3	SPOTDRILLING __13	D = 13	定位
4	SPOTDRILLING __15	D = 15	定位
5	SPOTDRILLING __9	D = 9	定位
6	DRILLING __13	D = 13	钻孔
7	DRILLING __15	D = 15	钻孔
8	DRILLING __9	D = 9	钻孔
9	COUNTERBORING __13.	D = 13	扩孔
10	COUNTERBORING __15.	D = 15	扩孔
11	COUNTERBORING __9.	D = 9	扩孔

（1）在工具条中选取创建刀具图标，弹出"创建刀具"对话框，选取"类型"为"mill __contour"，选择"刀具子类型"为"Mill"，"位置"中的"刀具"选取"GENRIC __MACHINE"，在"刀具名称"中输入"MILL __30MM"，单击"应用"按钮弹出"铣刀 – 5 参数"对话框，输入刀具参数直径为 30，其余参数采用默认值，单击"确定"按钮完成刀具创建，此刀具虽为型腔铣刀具，但同样可用于平面铣。用相同的步骤完成对 MILL __10MM（直径 = 10）刀具的创建。

（2）在工具条中选取创建刀具图标，弹出"创建刀具"对话框，选取"类型"为"drill"，选择"刀具子类型"为"SPOTDRILLING __TOOL"，"位置"中的"刀具"选取"GENRIC __MACHINE"，在"刀具名称"中输入"SPOTDRILLING __13"，单击"应用"按钮弹出"钻刀"对话框，输入刀具参数 D = 13，L = 50，PA = 120，FL = 35，切削刃数为 2，其余参数采用默认值，单击"确定"按钮完成刀具创建。用相同的步骤完成对 SPOTDRILLING ＿15（D ＝ 15，L ＝ 50，PA ＝ 120，FL ＝ 35，切削刃数为 2）和 SPOTDRILLING ＿9（D ＝ 9，L ＝ 50，PA ＝ 120，FL ＝ 35，切削刃数为 2）刀具的创建。

（3）在工具条中选取创建刀具图标 ，弹出"创建刀具"对话框，选取"类型"为"drill"，选择"刀具子类型"为"DRILLING – TOOL"（），"位置"中的"刀具"选取"GENRIC ＿MACHINE"，在"刀具名称"中输入"DRILLING ＿13"，单击"应用"按钮弹出"钻刀"对话框，输入刀具参数 D ＝ 13，L ＝ 120，PA ＝ 118，FL ＝ 90，切削刃数为 2，其余参数采用默认值，单击"确定"按钮完成刀具创建。用相同的步骤完成对 DRILLING ＿15（D ＝ 15，L ＝ 120，PA ＝ 118，FL ＝ 90，切削刃数为 2）和 DRILLING ＿9（D ＝ 9，L ＝ 120，PA ＝ 118，FL ＝ 90，切削刃数为 2）刀具的创建。

（4）在工具条中选取创建刀具图标 ，弹出"创建刀具"对话框，选取"类型"为"drill"，选择"刀具子类型"为"COUNTER-BORING ＿TOOL" ，"位置"中的"刀具"选取"GENRIC ＿MA-CHINE"，在"刀具名称"中输入"COUNTERBORING ＿13"，单击"应用"按钮弹出"铣刀 – 5"对话框，输入刀具参数 D ＝ 13，R1 ＝ 0，L ＝ 100，A ＝ 0，FL ＝ 70，切削刃数为 4，其余参数采用默认值，单击"确定"按钮完成刀具创建。用相同的步骤完成对 COUNTERBORING ＿15（D ＝ 15，R1 ＝ 0，L ＝ 100，A ＝ 0，FL ＝ 70，切削刃数为 4，）和 COUNTERBORING ＿9（D ＝ 9，R1 ＝ 0，L ＝ 100，A ＝ 0，FL ＝ 70，切削刃数为 4，）刀具的创建。

6.4　创建程序节点

由于加工零件的工序比较多，为了便于管理，可以在不同的程序节点下归类各道工序。

（1）在工具条中选取创建程序图标，弹出"创建程序"对话框，选取"类型"为"mill ＿contour"，选择"位置"中的"程序"为"NC ＿PROGRAM"，将之命名为"PROGRAM ＿ZHENG"，单击"确定"按钮完成对＋Z轴向加工工序的程序节点创建。用相同的步骤完成对－Z轴向加工工序的程序节点PROGRAM ＿FAN的创建操作。

（2）在工具条中选取创建程序图标，弹出"创建程序"对话框，选取"类型"为"drill"，选择"位置"中的"程序"为"NC ＿PRO-GRAM"，将之命名为"PROGRAM ＿ZUAN"，单击"确定"按钮完成对点位加工工序的程序节点创建。

（3）在工具条中选取创建程序图标，弹出"创建程序"对话框，选取"类型"为"drill"，选择"位置"中的"程序"为"PROGRAM ＿ZUAN"，将之命名为"PROGRAM ＿ZUAN13"，单击"确定"按钮完成对$\phi13$孔加工工序的程序节点创建。用相同的步骤完成对$\phi15$孔加工工序的程序节点PROGRAM ＿ZUAN15和对$\phi9$孔加工工序的程序节点PROGRAM ＿ZUAN9的创建操作。

6.5　操作工序

（1）上平面：设置图层11为当前工作图层，图层33为可选图层。

① 创建几何体。在工具条中选取创建几何体图标，弹出"创建几何体"对话框，选取"类型"为"mill ＿contour"，选择"子类型"为"WORKPIECE"（　），选择"位置"中的"几何体"为"MCS ＿MILL"，将之命名为"WORKPIECE ＿SHANG－BIAO－MIAN"，单击"确定"按钮，弹出"工件"对话框，选取　→选取图层33上的毛坯→单击"确定"按钮完成毛坯几何的定义。再选取　→选取图层11上的零件实体→单击"确定"按钮完成零件几何的定义→单击"确定"

按钮关闭对话框。

② 创建操作：在工具条中选取创建工序图标 ，弹出"创建工序"对话框，选取"类型"为"mill _planar"，选取"子类型"为"平面铣" ，指定"程序"为"PROGRAM _ ZHENG"，使用"几何体"为"WORKPIECE _SHANG – BIAO – MIAN"，使用"刀具"为"MILL _ 10MM"，加工方法采用默认名称，操作命名为"PLANAR _ MILL _ SHANG _BIAO _MIAN"，单击"确定"按钮进入"平面铣"对话框。

③ 在"平面铣"对话框中单击 ，弹出"编辑边界"对话框，选取绿色毛坯的顶面为对象，规定材料侧为内部，面选择"既不忽略孔，也不忽略岛和倒角"，凸边和凹边都为"相切"，单击"确定"按钮完成此操作。

④ 在"平面铣"对话框中单击 ，弹出"底平面构造器"对话框，选取小头上平面为对象，单击"确定"按钮完成此操作。

⑤ 在"平面铣"对话框中单击"切削层"，弹出"切削层"对话框，"类型"选择"用户自定义"模式，指定公共和最小切削深度都为 1mm，其余各项值采用默认值，单击"确定"按钮完成此操作。有关刀轨的其他设置都采用默认值。

⑥ 完成以上设置后单击 图标或者应用，系统便可依据所选择的各个加工几何和所设定的参数计算并生成刀轨。单击"确定"按钮保存操作。

（2）小头凹槽。设置图层 11 为当前工作图层，图层 33 为可选图层。

① 创建几何。在工具条中选取创建几何体图标 ，弹出"创建几何体"对话框，选取"类型"为"mill _contour"，选择"子类型"为"WORKPIECE"（），选择"位置"中的"几何体"为"MCS _ MILL"，将之命名为"WORKPIECE _DING – CAO"，单击"确定"按钮，弹出"工件"对话框，选取 →选取图层 33 上的毛坯→单击"确

定”按钮完成毛坯几何的定义；再选取 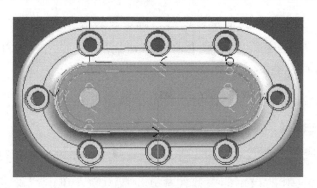→选取图层 11 上的零件实体→单击“确定”按钮完成零件几何的定义→单击“确定”按钮关闭对话框。

② 创建操作。在工具条中选取创建工序图标 ，弹出“创建工序”对话框，选取“类型”为“mill __ planar”，选取“子类型”为“平面铣” ，指定“程序”为“PROGRAM __ZHENG”，使用“几何体”为“WORKPIECE __ DING – CAO”，使用“刀具”为“MILL __ 10MM”，加工方法采用默认名称，将操作命名为“PLANAR __ MILL __ DING – CAO”，单击“确定”按钮进入“平面铣”对话框。

③ 在“平面铣”对话框中单击 ，弹出“边界几何体”对话框，选取如图 6 – 1 所示的零件几何实体。规定材料侧为内部，面选择为“忽略孔”，凸边和凹边都为“相切”，单击“确定”按钮完成此操作。

图 6 – 1　选取对象

④ 在“平面铣”对话框中单击 ，弹出“边界几何体”对话框，选取和步骤③中的零件相同的表面为对象，规定材料侧为内部，面选择为“忽略孔”，凸边和凹边都为“相切”，单击“确定”按钮完成此操作。

⑤ 在“平面铣”对话框中单击 ，弹出“底平面构造器”对话框，选取凹槽底面为对象，单击“确定”按钮完成此操作。

⑥ 在“平面铣”对话框中单击“切削层”，弹出“切削层”对话

框，类型选择"用户自定义"模式，指定公共和最小切削深度都为 1mm，其余各项采用默认值，单击"确定"按钮完成此操作。有关刀轨的其他设置都采用默认值。

⑦ 完成以上设置后单击 ![图标] 图标或者"应用"按钮，系统便可依据所选择的各个加工几何体和所设定的参数计算并生成刀轨。单击"确定"按钮保存操作。

（3）铣小头外围、$R12$ 倒圆弧面、中间平面、$R5$ 圆弧面。设置图层 11 为当前工作图层，图层 31、图层 32、图层 33 为可选图层。

① 创建几何体。弹出"创建几何体"对话框，选取"类型"为"mill＿contour"，选择"子类型"为"WORKPIECE"（![图标]），选择"位置"中的"几何体"为"MCS＿MILL"，将之命名为"WORKPIECE＿0.5－－R5"，单击"确定"按钮，弹出"工件"对话框，选取![图标]→选取图层 31、图层 32、图层 33 上的实心体毛坯→单击"确定"按钮完成毛坯几何的定义；再选取![图标]→选取图层 11 上的零件实体→单击"确定"按钮完成零件几何的定义→单击"确定"按钮关闭对话框。

② 创建工序。在工具条中选取创建工序图标![图标]，弹出"创建工序"对话框，选取"类型"为"mill＿contour"，选取"子类型"为"深度加工轮廓"![图标]，指定程序为"PROGRAM＿ZHENG"，使用"几何体"为"WORKPIECE＿0.5－－R5"，使用"刀具"为"MILL＿30MM"，加工方法采用默认名称，将操作命名为"ZLEVEL＿PROFILE＿STEEP＿0.5－－R5"，单击"确定"按钮进入"深度加工轮廓"对话框。

③ 在"型腔铣"对话框中单击切削区域![图标]图标，然后分别选择图层 11 上零件实体的小头外围、$R12$ 倒圆弧面、中间平面、$R5$ 圆弧面等所对应的各个曲面，以图 6－2 所示的深色区域为对象，单击"确定"按钮完成此操作。

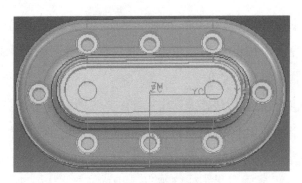

图 6 - 2　选取对象

④ 此操作的其他参数均采用默认值。

⑤ 由于整道工序中有尺寸不同的倒圆角，为了使表面过渡得更为光滑自然，有必要多设几个切削层。单击 ▤，弹出"切削层"对话框。单击"添加新集"（▦）可添加切削层。设置第一层切削层参数："每刀的深度"为 0.1，"测量开始位置"为"顶层"，"范围深度"为 1；单击"添加新集"（▦）可添加第二层新切削层，设置"每刀的深度"为 2，"测量开始位置"为"顶层"，"范围深度"为 24；单击"添加新集"（▦）可添加第三层新切削层，设置"每刀的深度"为 0.1，"测量开始位置"为"顶层"，"范围深度"为 41。完成以上设置后单击"确定"按钮关闭此对话框。单击"列表"按钮可查看切削层设置参数。

⑥ 完成以上设置后单击 ▶图标或者"应用"按钮，系统便可依据所选择的各个加工几何体和所设定的参数计算并生成刀轨，单击"确定"按钮保存操作。

（4）底平面、大头外围。设置图层 11 为当前工作图层，图层 31 为可选图层。

① 前面的两道加工工序的加工对象为小头座和大头座上部，其装卡位置应选择大头座，而本道工序中的加工对象为大头座的底面和侧面，需要改变装卡位置，选用小头座作为装卡定位的位置，所以需要另外创建一个加工坐标系，其 + ZM 方向与 - Z 同向。在工具条中选取创

建几何体图标 ，弹出"创建几何体"对话框，选取"类型"为
"mill __contour"，选择"子类型"为 ，选择"位置"中的"几何
体"为"GEOMETRY"，将之命名为"MCS __ -Z"。单击"应用"按钮
进入"MCS"对话框，单击 进入"坐标构造器"对话框，类型选取 X
轴 Y 轴图标 ，先规定 XM - 轴的方向与 X - 轴的方向相同，即在
的下拉菜单中选取 图标，再规定 YM - 轴的方向与 Y - 轴的方向相
反，选取 图标进入"矢量构造器"对话框，"类型"选取"按系数"
的方式，输入 I = 0，J = - 1，K = 0，单击"确定"按钮关闭对话框，
完成新加工坐标系的创建。

② 创建几何体。在工具条中选取创建几何体图标 ，弹出"创建
几何体"对话框，选取"类型"为"mill __contour"，选择"子类型"
为"WORKPIECE" ，选择"位置"中的"几何体"为"MCS __
-Z"，将之命名为"WORKPIECE __ DI"，单击"确定"按钮，弹出
"WORKPIECE"对话框，选取 →单击 →选取图层 31 上的实心体毛
坯→单击"确定"按钮完成毛坯几何的定义；再选取 →单击 →选
取图层 11 上的零件实体→单击"确定"按钮完成零件几何的定义→单
击"确定"按钮关闭对话框。

③ 创建操作：在工具条中选取创建工序图标 ，弹出"创建操
作"对话框，选取"类型"为"mill __contour"，选取"子类型"为
，选择"位置"中的"程序"为"PROGRAM __FAN"，"几何体"
为"WORKPIECE __DI"，"刀具"为"MILL __30MM"，方法采用默认
名称，将操作命名为"CAVITY __MILL __DI - CE"，单击"确定"按
钮进入"型腔铣"对话框。

④ 在"型腔铣"对话框中单击切削区域 图标，然后分别选取图
层 11 上零件实体的大头座底平面、底平面倒角和大头座侧面为对象，
单击"确定"按钮完成此操作。

⑤ 此操作的其他参数均采用默认值。

⑥ 由于整道工序中有尺寸不同的倒圆角，为了使表面过渡得更为光滑自然，有必要多设几个切削层。单击▤弹出，"切削层"对话框。单击"添加新集"（▦）按钮可添加切削层。设置第一层切削层参数："每刀的深度"为1，"测量开始位置"为"顶层"，"范围深度"为2；单击"添加新集"（▦）按钮可添加第二层新切削层，设置"每刀的深度"为0.1，"测量开始位置"为"顶层"，"范围深度"为4；单击"添加新集"按钮（▦）可添加第三层新切削层，设置"每刀的深度"为2，"测量开始位置"为"顶层"，"范围深度"为29。完成以上设置后单击"确定"按钮关闭此对话框。单击"列表"可查看切削层的参数设置。

⑦ 完成以上设置后单击▮图标或者"应用"按钮，系统便可依据所选择的各个加工几何体和所设定的参数计算并生成刀轨，单击"确定"按钮保存操作。

（5）点位加工。设置图层11为当前工作图层，其余图层不可见。在工具条中选取创建几何体图标▧，弹出"创建几何"对话框，选取"类型"为"drill"，选择"子类型"为"WORKPIECE"▨，选择"位置"中的"几何体"为"MCS ＿MILL"，将之命名为"WORKPIECE ＿ZUAN"，单击"确定"按钮，弹出"工件"对话框，选取▧→单击▦→选取图层11上零件实体为对象→单击"确定"按钮完成零件几何体的定义→单击"确定"按钮关闭对话框。

① 加工 ϕ13 孔。

a. 创建几何体。在工具条中选取创建几何体图标▧，弹出"创建几何体"对话框，选取"类型"为"drill"，选择"子类型"为▨，选择"位置"中的"几何体"为"WORKPIECE ＿ZUAN"，将之命名为"DRILL ＿GEOM ＿13"，单击"确定"按钮弹出"钻加工几何体"对话框，选取▧→单击"选择"按钮→单击"面上所有孔"→选取"凹槽表面"→单击三级"确定"按钮完成点位选取；再选取 →选取"方式"为"面" →选取"凹槽表面"为对象→单击"确定"按钮完成零件表面的定义；选取 →选取"方式"为"面" →选取"零件底面"为对象→单击"确定"按钮完成底表面的定义，单击"确定"按钮关闭对话框。

b. 创建操作：在工具条中选取创建工序图标 ，弹出"创建操作"对话框，选取"类型"为"drill"，选取"子类型"为"钻定心孔" ，指定"位置"中的"程序"为"PROGRAM ＿ ZUAN13"，"几何体"为"DRILL ＿ GEOM ＿ 13"，"刀具"为"SPOTDRILLING ＿ 13"，"方法"采用默认名称，将操作命名为"SPOT ＿ DRILLING ＿ 13"，单击"确定"按钮进入"钻操作"对话框。

c. 设置"最小安全距离"为 3；选取"标准钻循环"模式，单击"循环"栏中的 ，输入"参数组数量"为 2，单击"确定"按钮。

d. 开始指定第一组参数：单击 Depth→刀尖深度→输入值为 2→"确定"→"确定"，弹出第二组参数的定义对话框。由于钻削的两个中心孔的参数都一样，因此第二组参数应当与第一组的一样，所以单击"复制上一组参数"，单击"确定"按钮返回"钻操作"对话框。

e. "钻操作"对话框中的其余参数均采用默认值，单击 图标生成刀轨，单击"确定"按钮。

f. 在"创建工序"对话框中，选取"类型"为"drill"，选取"子类型"为"钻" ，选择"位置"中的"程序"为"PROGRAM ＿ ZUAN13"，"几何体"为"DRILL ＿ GEOM ＿ 13"，"刀具"为"DRILL-ING ＿ 13"，"方法"采用默认名称，将操作命名为"DRILLING ＿ 13"，单击"确定"按钮进入"钻操作"对话框。

g. 设置"最小安全距离"为 3；选取"标准钻循环"模式，单击"循环"栏中的 ，输入"参数组数量"为 2，单击"确定"按钮。

h. 开始指定第一组参数：单击"Depth"→"穿过底面"→

"Dwell"→"开"→"确定"，弹出第二组参数的定义对话框。由于钻削的两个孔的参数都一样，因此第二组参数应当与第一组的一样，所以单击"复制上一组参数"，单击"确定"按钮返回钻操作对话框。

i. "钻操作"对话框中的其余参数均采用默认值，单击 ![icon] 图标或者"应用"按钮生成刀轨，单击"确定"按钮。

j. 在"创建工序"对话框中，选取"类型"为"drill"，选取"子类型"为"沉头孔加工" ![icon]，选择"位置"中的"程序"为"PRO-GRAM＿ZUAN13"，"几何体"为"DRILL＿GEOM＿13"，"刀具"为"COUNTERBORING＿13"，"方法"采用默认名称，将操作命名为"COUNTERBORING＿13"，单击"确定"按钮进入"钻操作"对话框。

k. 设置"最小安全距离"为3，选取"标准钻循环"模式，单击"循环"栏中的 ![icon]，输入"参数组数量"为2，单击"确定"按钮。

l. 开始指定第一组参数：单击"Depth"→"穿过底面"→"Dwell"→"开"→"进给率"→输入值为150→"确定"→"确定"，弹出第二组参数的定义对话框。由于钻削的两个孔的参数都一样，因此第二组参数应当与第一组的一样，所以单击"复制上一组参数"，单击"确定"按钮返回"钻操作"对话框。

m. "钻操作"对话框中的其余参数均采用默认值，单击 ![icon] 图标或者"应用"按钮生成刀轨，单击"确定"按钮保存此操作。

② 加工 ϕ15 沉槽。

a. 创建几何体。在工具条中选取创建几何体图标 ![icon]，弹出"创建几何体"对话框，选取"类型"为"drill"，选择"子类型"为 ![icon]，选择"位置"中的"几何体"为"WORKPIECE＿ZUAN"，将之命名为"DRILL＿GEOM＿15"，单击"确定"按钮，弹出"钻加工几何体"对话框，选取 ![icon]→"选择"→"类选择"→"依次选取中间表面上八个 ϕ15 的圆弧"→单击三级"确定"按钮完成点位选取。再选取 ![icon]→选取面 ![icon] 方式→"选取中间平面为对象"→单击"确定"按钮完成零件表面的定义。选取 →"选取 ZC 常数方式"→输入 ZC 常数为 16→单击"确定"按钮完成底表面的定义→单击"确定"按钮关闭对话框。

b. 创建操作。在工具条中选取创建工序图标 ，弹出"创建操作"对话框，选取"类型"为"drill"，选取"子类型"为"定心钻" ，选择"位置"中的"程序"为"PROGRAM __ ZUAN15"，"几何体"为"DRILL __ GEOM __ 15"，"刀具"为"SPOTDRILLING __ 15"，"方法"采用默认名称，将操作命名为"SPOT __ DRILLING __ 15"，单击"应用"按钮进入"钻操作"对话框。

c. 设置"最小安全距离"为 3，选取"标准钻循环"模式，单击"循环"栏中的 ，输入"参数组数量"为 2，单击"确定"按钮。

d. 开始指定第一组参数：单击"Depth"→"刀尖深度"→输入值为 2→"确定"→"确定"，弹出第二组参数的定义对话框。由于钻削的 8 个中心孔的参数都一样，因此第二组参数应当与第一组的一样，所以单击"复制上一组参数"，单击"确定"按钮返回"钻操作"对话框。

e. "钻操作"对话框中的其余参数均采用默认值，单击 图标或者"应用"按钮生成刀轨，单击"确定"按钮返回"创建操作"对话框。

f. 在"创建工序"对话框中，选取"类型"为"drill"，选取"子类型"为"钻" ，选择"位置"中的"程序"为"PROGRAM __ ZUAN15"，"几何体"为"DRILL __ GEOM __ 15"，"刀具"为"DRILL-ING __ 15"，"方法"采用默认名称，将操作命名为"DRILLING __ 15"，单击"应用"按钮进入"钻操作"对话框。

g. 设置"最小安全距离"为 3，选取"标准钻"，单击"循环"栏中的 ，输入"参数组数量"为 2，单击"确定"按钮。

h. 开始指定第一组参数：单击"Depth"→"至底面"→"Dwell"→"开"→"确定"，弹出第二组参数的定义对话框。由于钻削的 8 个孔的参数都一样，因此第二组参数应当与第一组的一样，所以单击"复制上一组参数",单击"确定"按钮返回"钻操作"对话框。

i. "钻操作"对话框中的其余参数均采用默认值,单击 图标或者"确定"按钮生成刀轨,单击"确定"按钮返回"创建操作"对话框。

j. 在"创建操作"对话框中,选取"类型"为"drill",选取"子类型"为"沉头孔" ,选择"位置"中的"程序"为"PROGRAM＿ZUAN15","几何体"为"DRILL＿GEOM＿15","刀具"为"COUN-TERBORING＿15","方法"采用默认名称,将操作命名为"COUN-TERBORING＿15",单击"确定"按钮进入"钻操作"对话框。

k. 设置"最小安全距离"为3,选取"标准钻循环"模式,单击"循环"栏中的 ,输入"参数组数量"为2,单击"确定"按钮。

l. 开始指定第一组参数:单击"Depth"→"至底面"→"Dwell"→"开"→"进给率"→输入值为150→"确定"→"确定",弹出第二组参数的定义对话框。由于钻削的8个孔的参数都一样,因此第二组参数应当与第一组的一样,所以单击"复制上一组参数",单击"确定"按钮返回"钻操作"对话框。

m. "钻操作"对话框中的其余参数均采用默认值,单击 图标或者"应用"按钮生成刀轨,单击"确定"按钮保存此操作。

③ 加工 $\phi9$ 孔。

a. 创建几何体。在工具条中选取创建几何体图标 ,弹出"创建几何体"对话框,选取"类型"为"drill",选择"子类型"为 ,选择"位置"中的"几何体"为"WORKPIECE＿ZUAN",将之命名为"DRILL＿GEOM＿9",单击"确定"按钮,弹出"钻加工几何体"对话框,选取 →"选择"→"类选择"→依次选取俯视视图下的8个 $\phi9$ 孔为对象→单击三级"确定"按钮完成点位选取。再选取 →选取ZC常数方式→输入ZC常数为16→单击"确定"按钮完成零件表面的定义。选取 →选取"面" 方式→选取零件底面为对象→单击"确定"按钮完成底表面的定义→单击"确定"按钮关闭对话框。

b. 创建操作。在工具条中选取创建工序图标 ，弹出"创建操作"对话框，选取"类型"为"drill"，选取"子类型"为"钻中心孔" ，选择"位置"中的"程序"为"PROGRAM ＿ZUAN9"，"几何体"为"DRILL ＿GEOM ＿9"，"刀具"为"SPOTDRILLING ＿9"，"方法"采用默认名称，将操作命名为"SPOT ＿DRILLING ＿9"，单击"应用"按钮进入"钻操作"对话框。

c. 设置"最小安全距离"为 3，选取"标准钻循环"模式，单击"循环"栏中的 ，输入"参数组数量"为 2，单击"确定"按钮。

d. 开始指定第一组参数：单击"Depth"→"刀尖深度"→输入值为 2→"确定"→"确定"，弹出第二组参数的定义对话框。由于钻削的 8 个中心孔的参数都一样，因此第二组参数应当与第一组的一样，所以单击"复制上一组参数"，单击"确定"按钮返回"钻操作"对话框。

e. "钻操作"对话框中的其余参数均采用默认值，单击 图标或者"应用"按钮生成刀轨，单击"确定"按钮返回"创建操作"对话框。

f. 在"创建操作"对话框中，选取"类型"为"drill"，选取"子类型"为"钻" ，选择"位置"中的"程序"为"PROGRAM ＿ZUAN9"，"几何体"为"DRILL ＿GEOM ＿9"，"刀具"为"DRILLING ＿9"，"方法"采用默认名称，将操作命名为"DRILLING ＿9"，单击"应用"进入"钻操作"对话框。

g. 设置"最小安全距离"为 3；选取"标准钻循环"模式，单击"循环"栏中的 ，输入"参数组数量"为 2，单击"确定"按钮。

h. 开始指定第一组参数：单击"Depth"→"穿过底面"→"Dwell"→"开"→"确定"，弹出第二组参数的定义对话框。由于钻削的 8 个孔的参数都一样，因此第二组参数应当与第一组的一样，所以单击"复制上一组参数"，单击"确定"按钮返回"钻操作"对话框。

i. "钻操作"对话框中的其余参数均采用默认值，单击 ![图标]图标或者"应用"按钮生成刀轨，单击"确定"按钮返回"创建操作"对话框。

j. 在"创建操作"对话框中，选取"类型"为"drill"，选取"子类型"为"沉头孔钻" ![图标]，选择"位置"中的"程序"为"PROGRAM __ZUAN9"，"几何体"为"DRILL __GEOM __9"，"刀具"为"COUNTERBORING __9"，"方法"采用默认名称，将操作命名为"COUNTERBORING __9"，单击"确定"按钮进入"钻操作"对话框。

k. 设置"最小安全距离"为3；选取"标准钻循环"模式，单击"循环"栏中的 ![图标]，输入"参数组数量"为2，单击"确定"按钮。

l. 开始指定第一组参数：单击"Depth"→"穿过底面"→"Dwell"→"开"→"进给率"→输入值为150→"确定"→"确定"，弹出第二组参数的定义对话框。由于钻削的8个孔的参数都一样，因此第二组参数应当与第一组的一样，所以单击"复制上一组参数"，单击"确定"按钮返回"钻操作"对话框。

m. "钻操作"对话框中的其余参数均采用默认值，单击 ![图标]图标或者"应用"按钮生成刀轨，单击"确定"按钮保存此操作。

（6）加工沉头孔倒角。设置图层11为当前工作图层，其余图层不可见。

① 创建操作。在工具条中选取创建工序图标 ![图标]，弹出"创建操作"对话框，选取"类型"为"mill __contour"，选取"子类型"为 ![图标]，选择"位置"中的"程序"为"PROGRAM __ZUAN"，"几何体"为"WORKPIECE __0.5 − −R5"，"刀具"为"MILL __10MM"，"方法"采用默认名称，将操作命名为"ZLEVEL __PROFILE __STEEP __DAO − JIAO"，单击"确定"按钮进入"深度加工轮廓铣"对话框。

② 在"ZLEVEL __PROFILE __STEEP"对话框中选取 ![图标]图标，单击 ![图标]，选择底座上8个沉头孔的倒角面为对象，单击"确定"按钮完成此操作。

③ 设置"每刀公共深度恒定"，且最大距离＝0.1，此操作的其他参数均采用默认值。

④ 完成以上设置后单击▶图标或者"应用"按钮，系统便可依据所选择的各个加工几何体和所设定的参数计算并生成刀轨，单击"确定"按钮保存操作。

（7）保存此部件文件，以便于后续操作时使用。

6.6　生成刀位轨迹并进行加工仿真

每一个操作过后，为了知道所加工出来的工件能否最终符合图纸的要求，有必要验证刀轨的正确性。UG NX 提供了通过可视的方式检查刀具切除材料的过程，以检验操作的刀轨、切削结果是否正确，是否过切零件几何，是否有剩余材料。UG NX 中有 3 种验证刀轨的方式：

➢ 重显示（Replay）：能够显示操作的刀轨，能模拟显示刀具的运动过程并在此过程中执行过切检查。

➢ 动态检验（Dynamic）：能够模拟材料的切除过程，最后生成 IPW（In Process Workpiece），IPW 就是经过被检验的操作加工后形成的工序件，它的几何性质是小平面体（Faceted Body）。

➢ 静态检验（Static）：能够快速生成永久的 IPW、欠切几何、过切几何，它们都是 Faceted Body。因为没有切削模拟过程，利用静态检验创建 IPW、欠切几何、过切几何的速度远快于动态检验，特别是对于庞大复杂的刀轨更具效率。

各个操作的创建过程不尽相同，但是它们的刀轨验证方法和过程却是相似的。在此以重显示（Replay）方式对刀轨进行验证，只对在程序节点 PROGRAM ＿ZHENG 下的工序进行验证操作，进行相同的操作就可完成其他各道工序的验证过程。

① 在操作导航器的程序顺序视图中选择"PROGRAM ＿ZHENG"程序节点。

② 通过"工具"→"工序导航器"→"刀轨"→"确认",弹出"刀轨可视化"对话框。

③ 选择"重播"方式,单击"检查选项"按钮进行检查选项设置。设置如图6-3所示,之后单击"确定"按钮返回"验证刀轨"对话框。

图6-3 过切检查设置

对零件的刀具模拟运动过程中执行过切检查。其过切公差为0.01mm,如果过切量深度没有超过此公差值,系统认为没有过切,反之则有过切。完成刀具模拟运动过程后通过信息窗口显示过切信息,并且若有引起过切的刀轨段则亮显这些刀轨段;若有两处及以上的过切刀轨段,在发现后一个过切刀轨段并亮显它之前刷新显示,使前面的过切刀轨不再亮显。

其他设置采用默认值,单击▶,等待模拟运动结束后可以得到过切情况报告。由模拟结果来看,本程序节点下的操作刀轨并没有过切,属于正确操作。

6.7 创建刀位源文件(CLSF)

UG可生成3种格式的刀位源文件:STD、BCL/ACL和ISO。刀位源文件(CLSF)是独立于UG部件的外部的文本文件,可以利用文本编辑器将之打开阅读或编辑,其命令基本上包括以下几种类型:显示命令、机床设置命令、刀具运动命令、宏命令、控制命令、注解和附加数据。尽管各个操作的创建过程不尽相同，但是它们的刀位源文件（CLSF）的创建过程却是相同的。在此只对在程序节点"PROGRAM __ZHENG"下的工序创建刀位源文件（CLSF），进行相同的操作就可完成其他各道工序的刀位源文件（CLSF）的创建过程。

① 在操作导航工具的程序视图中选择"PROGRAM __ZHENG"程序节点。

② 通过"工具"→"工序导航器"→"输出"→"CLSF"，弹出"刀位源文件格式"对话框。

③ 弹出"CLSF 输出"对话框，选择"CLSF __STANDARD"格式，指定输出目录及文件名"E：\ zhouqi \ SHEJI ~ 1 \ fengban-zheng. cls"，选取"输出单位"为"公制/部件"，并勾选"列出输出"，以在输出过程中通过信息窗口显示输出的数据。

④ 单击"确定"按钮，等待（输出数据越大，等待的时间越长）输出完成，完成后生成一个刀位源文件。

6.8　后置处理

数控机床的控制器不同，其所使用的 NC 程序的格式就不一样，因此，操作中的刀轨必须经过处理转换成特定机床控制器能够接受的特定格式的 NC 程序，这样的处理就是后处理。UG 为使用者提供了两种后处理的方法，一种是用图形后处理模块 GPM 做后处理的方法，另一种是UGPOST 后处理方法。GPM 后处理方法是一种旧式方法，其处理过程较为烦琐复杂，所以在此采用较为方便，但是处理效果相同的 UGPOST 后处理方法进行后处理。尽管各个操作的创建过程不尽相同，但是它们的后处理过程却是相同的。在此只对在程序节点"PROGRAM __ZHENG"下的工序进行后处理，生成机床 NC 程序，进行相同的操作就可完成其他各道工序的后处理过程。

① 在操作导航工具的程序视图中选择"PROGRAM＿ZHENG"程序节点。

② 通过"工具"→"工序导航器"→"输出"→"NX/Post 后处理",弹出"后处理"对话框。

③ 在机床列表中选取"MILL＿3＿AXIS"（三轴铣加工机床），指定"输出目录及文件名"为"E：\ zhouqi \ SHEJI ~ 1 \ fengban-zheng. ptp",选取"输出单位"为"公制/部件",并勾选"列出输出",以在输出过程中通过信息窗口显示输出的数据。

④ 单击"确定"按钮,等待（输出数据越大,等待的时间越长）输出完成,完成之后生成 NC 文件。

第 7 章

有限元分析

7.1 导入 NX 模型

（1）打开 ANSYS

打开桌面上的快捷键图标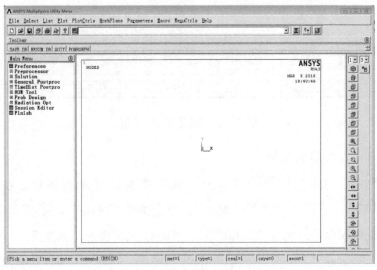，如果桌面上没有该快捷图标，从"开始"程序里面找到 Mechanical APDL 14.5，打开即可。如果"开始"程序里也没有 Mechanical APDL 14.5，从 ANSYS 的安装路径里找到 Mechanical APDL 14.5，双击它，将它打开。打开之后的界面如图 7 – 1 所示。

图 7 – 1　ANSYS 14.5 的打开界面

（2）模型导入。

单击第一个菜单"File"，找到菜单"Import"，再找到"Import"的子菜单"NX…"，单击子菜单"NX…"，出现寻找模型路径的对话框，注意模型的路径不能出现中文字符，否则会导入失败，找到该模型的位置，单击"OK"按钮。在导入模型的过程中会出现一些警告，这是由 UG 和 ANSYS 生成几何体的方式不同造成的，这些警告对我们的静力学分析不会产生影响，暂且不用管。ANSYS 中的模型导入界面如图 7 - 2 所示。

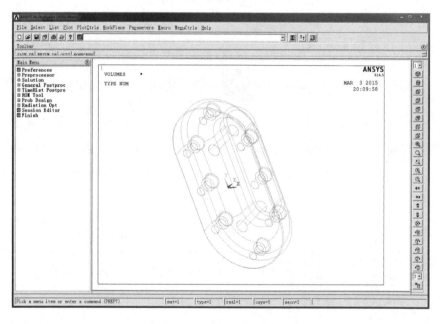

图 7 - 2　模型导入界面

（3）实体显示几何体。

此时几何体以线框方式显示，现在要实体显示几何体，在菜单"PlotCtrls"，下找到子菜单"Style"，单击菜单"Style"的子菜单"Solid Model Facets"，出现"Solid Model Facets"对话框，如图 7 - 3 所示，选择"Normal Facting"，单击"Apply"按钮，再单击"OK"按钮。

图 7 − 3　"Solid Model Facets" 对话框

　　单击菜单"Plot"，找到子菜单"Volumes"，单击该菜单就可以实现实体显示几何体，如图 7 − 4 所示。下面对鼠标左右键和滚轮的功能做一下说明：向前滚动滚轮可放大几何体，向后滚动滚轮可缩小几何体；按住 Ctrl 键，单击左键并移动鼠标可移动几何体，单击右键并移动几何体可翻转几何体。

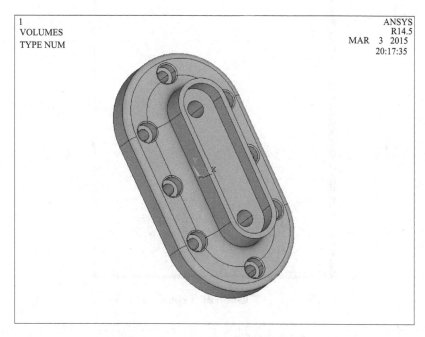

图 7 − 4　实体显示几何体界面

7.2 定义单元类型和材料类型

（1）定义单元类型。

找到主菜单"Main Menu"下的"Preprocessor"菜单键，单击前面的"+"按钮，找到"Element Type"菜单键，单击前面的"+"按钮，找到"Add/Edit/Delete"菜单，单击该菜单，出现"Element Types"对话框，如图7－5所示。

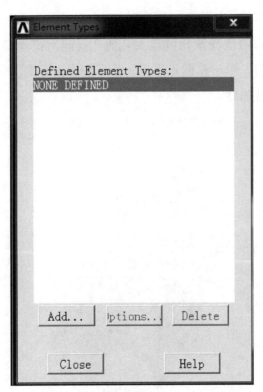

图7－5　"Element Types"对话框

单击"Add"按钮，出现如图7－6所示的对话框，选择单元类型为"Solid 187"，单击"OK"按钮，返回上一层对话框，单击"Close"按钮，完成实体单元类型的定义。

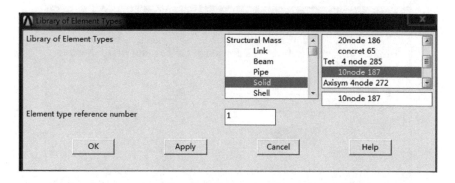

图 7 – 6 "Library of Element Types" 对话框

（2）定义材料类型。

找到主菜单"Main Menu"下的"Preprocessor"菜单，单击前面的"＋"按钮，找到"Material Props"菜单，单击前面的"＋"按钮，找到"Material Models"菜单，单击该菜单，出现定义材料属性的对话框，选择对话框右侧的"Structural→Linear→Elastic→Isotropic"，如图 7 – 7 所示。

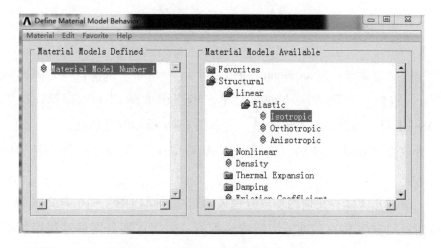

图 7 – 7 定义材料属性的对话框

单击"Isotropic"，出现如图 7 – 8 所示的对话框。

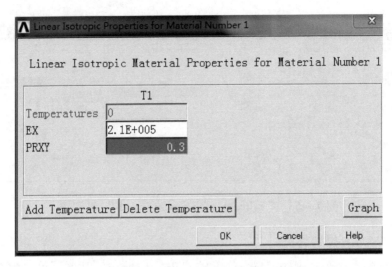

图 7 - 8　定义材料弹性模量和泊松比的对话框

"EX"表示弹性模量，在"T1"栏里输入"2.1E + 005"，"PRXY"表示泊松比，在"T1"栏里输入"0.3"，单击"OK"按钮完成材料属性的定义。

7.3　划分网格

找到主菜单"Main Menu"下的"Preprocessor"菜单，单击前面的"+"按钮，找到"Meshing"菜单，单击前面的"+"按钮，找到"MeshTool"菜单，单击该菜单，出现图 7 - 9 所示的对话框。

单击"Mesh"按钮，出现"Mesh Volumes"对话框，如图 7 - 10 所示。

单击几何体，几何图变成红色表示选中，单击图 7 - 10 中的"OK"按钮，ANSYS 将自动进行智能网格划分，关闭在划分网格过程中出现的警告，这些警告不影响后面的分析。几何体划分网格以后的图形如图 7 - 11 所示，该网格密度为中等密度，网格是四面体自由网格，在倒角或容易出现应力集中的地方网格密度比较大。

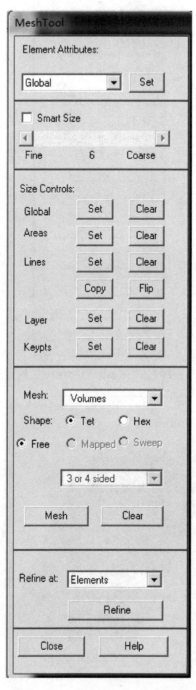

图 7 – 9　"MeshTool" 对话框

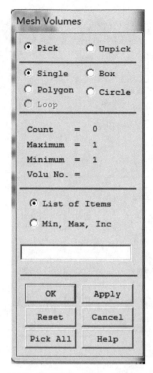

图 7 - 10   "Mesh Volumes" 对话框

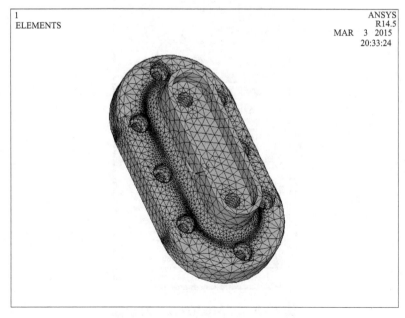

图 7 - 11   几何体网格划分后的结果

7.4　定义边界条件

（1）定义分析类型。

找到主菜单"Main Menu"下的"Solution"菜单，单击前面的"＋"按钮，找到"Analysis Type"菜单，单击前面的"＋"键，找到"New Analysis"菜单，单击该菜单，出现如图 7 - 12 所示的对话框，选择"Static"，单击"OK"按钮。

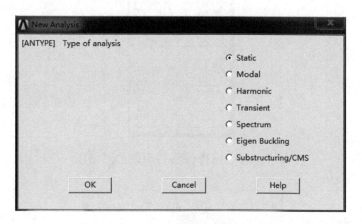

图 7 - 12　定义分析类型的对话框

（2）定义位移约束。

找到主菜单"Main Menu"下的"Solution"菜单，单击前面的"＋"按钮，找到"Define Loads"菜单，单击前面的"＋"按钮，找到"Apply"菜单，单击前面的"＋"按钮，找到"Structural"菜单，单击前面的"＋"按钮，找到"Displacement"菜单，找到"On Areas"菜单，单击后出现如图 7 - 13 所示的对话框。

单击菜单选项中的"Plot"菜单，下拉找到"Areas"菜单，单击使几何体变成面显示。接下来要对几何体中的 8 个螺栓孔内表面施加位移约束，依次单击选中这 8 个内表面。由于每个圆柱面是由 2 个半圆柱面组成的，所以一共需要选择 16 个表面，如图 7 - 14 所示。选择完毕之后，单击"OK"按钮，出现如图7-15所示的对话框。选择"All DOF"，其他保持默认即可，单击"OK"按钮，完成约束的添加。

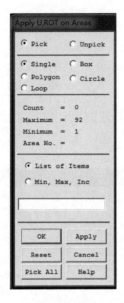

图 7-13 选择位移约束面的对话框

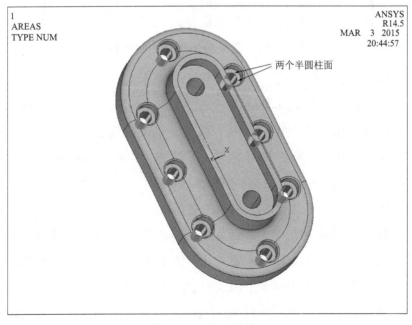

图 7-14 选择约束面

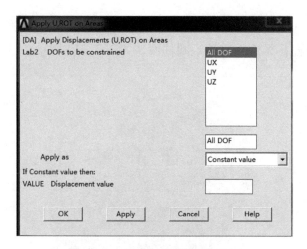

图 7 – 15　定义约束的对话框

（3）施加压力。

找到主菜单 "Main Menu" 下的 "Solution" 菜单，单击前面的 "＋" 按钮，找到 "Define Loads" 菜单，单击前面的 "＋" 按钮，找到 "Apply" 菜单，单击前面的 "＋" 按钮，找到 "Structural" 菜单，单击前面的 "＋" 按钮，找到 "Pressure" 菜单，找到 "On Areas" 菜单，单击该菜单，出现如图 7 – 16 所示的对话框。

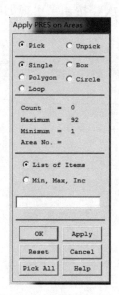

图 7 – 16　　"Apply PRES on Areas" 对话框

本例要在中间的两个圆柱孔壁上施加向两侧的压力约束，施加的位置是两个圆柱孔靠近外侧的半圆柱面，如图 7 – 17 所示。

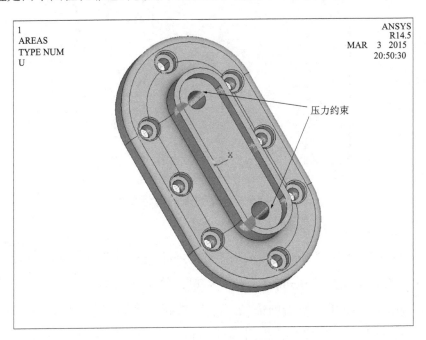

图 7 – 17　压力面示意图

选择完毕之后单击 "OK" 按钮，出现如图 7 – 18 所示的对话框。

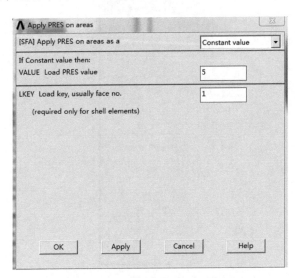

图 7 – 18　输入压力的对话框

按图 7 - 18 所示输入压力载荷为 5，单击 "OK" 按钮，完成压力约束的施加。下面对本次分析所使用的单位作一下说明：ANSYS 里面的数值计算过程是不考虑单位转换的，需要人为选择统一的单位系统，本次分析使用的单位系统是：长度——mm，力——N，压强——MPa。

7.5 求解

载荷施加完之后要进行求解，找到主菜单 "Main Menu" 下的 "Solution" 菜单，单击前面的 "+" 按钮，找到 "Solve" 菜单，单击前面的 "+" 按钮，找到 "Current LS" 菜单，单击该菜单，出现如图 7 - 19 所示的对话框。

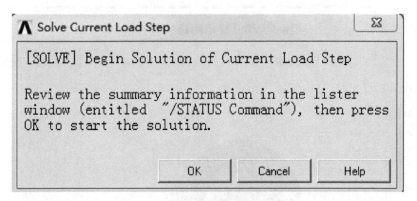

图 7 - 19 开始求解的对话框

单击 "OK" 按钮，忽略存在的警告即可进行求解。

7.6 后处理

求解完之后查看应力变形图，找到主菜单 "Main Menu" 下的菜单 "General Postproc"，单击前面的 "+" 按钮，找到菜单 "Plot Results"，单击前面的 "+" 按钮，找到菜单 "Contour"，单击前面的 "+" 按钮，找到菜单"Nodal Solu",单击该菜单,出现如图 7 – 20 所示的对话框。

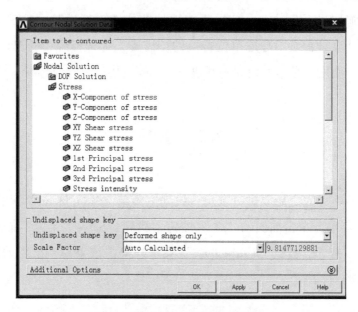

图 7 – 20　显示图形的对话框

选择"Nodal Solution→Stress→Von Miss Stress",单击"OK"按钮,出现如图 7 – 21 所示的应力分布图。

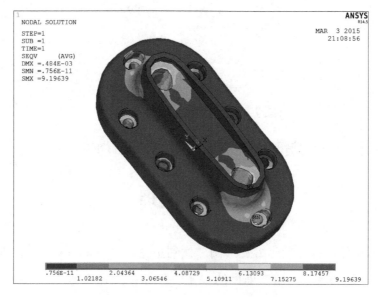

图 7 – 21　几何体应力分布图界面

如图7-21所示，最大应力为9.196 39MPa。

7.7 网格密度对求解结果的影响

一般说来，网格密度越大，计算精度越高，但计算规模也会随之迅速增加，合适的网格密度要在计算精度和计算规模之间取得平衡。下面通过一个例子来看看网格密度对计算精度和计算规模的影响。

上面静态结构分析的例子中网格划分使用的是智能网格划分，不同区域的网格密度是不同的。下面的例子中使用的是均匀化网格划分，单击图7-9所示的网格工具对话框中的"Size Control：Global > Set"按钮，将弹出如图7-22所示的对话框，在"SIZE Element edge length"中输入"10"，单击"OK"按钮，然后单击网格工具对话框中的"Mesh"按钮，并按照前述步骤完成网格划分和静力学计算，网格和应力云图分别如图7-23和图7-24所示。

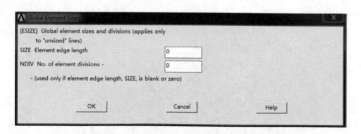

图7-22 设置网格大小的对话框

Element edge length是一个衡量网格尺度大小的参数，其尺度越小意味着网格密度越大。按照上述的方法，再分别尝试完成 Element edge length 为9、8、7、6、5、4、3、2的网格划分和静力学计算，并导出如图7-21和图7-24所示的应力云图。受计算机硬件水平的限制，学生在课堂上可能无法完成对所有网格尺度的计算，但是应该从大尺度到小尺度尽可能完成更多的计算。从计算结果可以看出随着网格密度的增大，应力云图会变得更加平滑，总体计算结果也更加接近真实情况，但是计算所需的时间也会越长。因此在对复杂工程问题进行计算时，应该

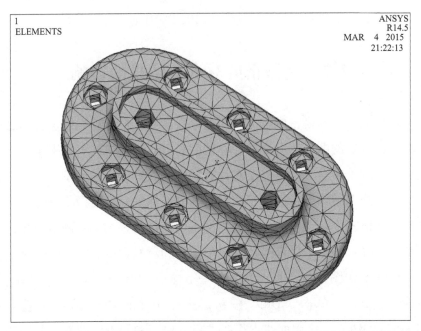

图 7 – 23　SIZE Element edge length 为 10 的网格划分结果

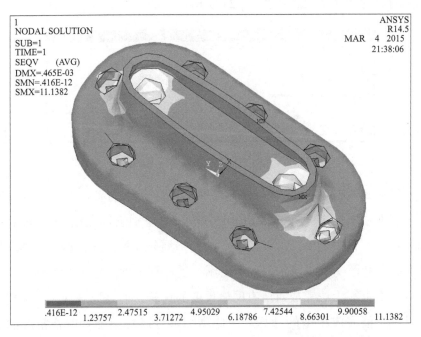

图 7 – 24　SIZE Element edge length 为 10 的应力云图界面

在保证足够的计算精度的前提下尽量减小计算规模，这就需要对网格密度进行测试。以上述计算结果为例，可以通过比较最大应力值来对整体网格密度进行初步的评估。不同网格尺度下的最大应力值如图 7 – 25 所示。从图 7 – 25 可以看出随着网格尺度的减小（即密度的增大）最大应力整体呈先下降后稳定的趋势。当网格尺度从 10 减小到 6 时，最大应力呈现明显的趋势性减小，而网格尺度从 6 减小 2 时，最大应力不再发生明显的趋势性变化，而是在 9Mpa 上下浮动。这在一定程度上表明网格尺度为 6 时计算精度已经足够高。图 7 – 25 是以最大应力值作为判断标准对整体网格密度进行评估，这只是一个简单的网格测试的例子。在解决实际工程问题时需要根据工程应用背景选择最佳的判断标准对整体网格进行评估，而且还需要对局部网格进行细化（如图 7 – 11 所示的网格），经过反复尝试和计算后才能确定合适的网格布局。

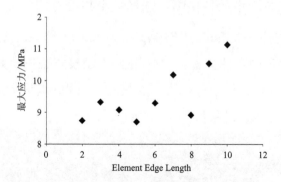

图 7 – 25　最大应力随网格尺度的变化情况

第 8 章

3D 打印

8.1　载入模型

打开 UP! mini 自带的 3D 打印软件。之后，单击菜单中的"文件/打开"或者工具栏中的按钮█，选择一个想要打印的模型。（注意：UP! mini 仅支持 STL 格式、UP3 格式，以及 UPP 格式的文件）。

选择要加工的零件文件，此处用实体建模实验中所建的"封板"三维模型，在 UG 软件中保存为 . igs 格式，再用 solidworks 等软件打开并另存为 . stl 格式。结果如图 8－1 所示。

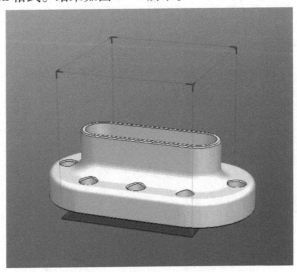

图 8－1　输入 3D 打印文件

可以看出，零件尺寸远远大于打印平板，所以这需要我们手动进行调整。图 8 - 1 中的模型经过 0.5 倍缩放以及按下"自动布局"按钮后，软件将自动把零件调整至合适的位置，结果如图 8 - 2 所示。

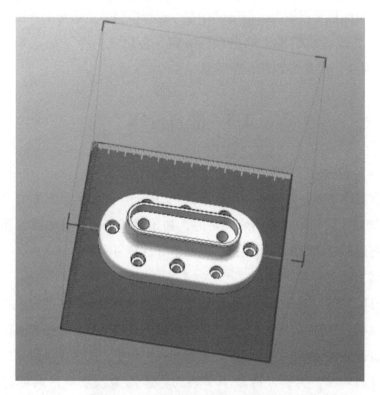

图 8 - 2　调整 3D 打印文件的大小

　　用鼠标单击菜单栏中的"编辑"选项，可以通过不同的方式观察目标模型。

　　① 旋转：按住鼠标中键，移动鼠标，视图会旋转，可以从不同的角度观察模型。

　　② 移动：同时按住 Ctrl 键和鼠标中键，移动鼠标，可以将视图平移，也可以用箭头键平移视图。

　　③ 缩放：旋转鼠标滚轮，视图就会随之放大或缩小。

　　④ 视图：该系统有 8 个预设的标准视图，存储于工具栏的视图选项中。

8.2　卸载模型

将鼠标移至模型上，单击鼠标左键选择模型，然后在工具栏中选择"卸载"，或者在模型上单击鼠标右键，会出现一个下拉菜单，选择"卸载模型"或者"卸载所有模型"。

8.3　准备打印

（1）初始化打印机。

在打印之前，需要初始化打印机。单击 3D 打印菜单下面的"初始化"选项，当打印机发出蜂鸣声时，初始化即开始。打印喷头和打印平台将返回打印机的初始位置，当准备好后将再次发出蜂鸣声。

（2）准备打印平板。

打印之前，请将打印平板固定住，以确保模型在打印的过程中不会发生位移。在打印过程中，打印材料将被充分填充到打印平板表面的孔中，以保证模型牢固。当将打印平板插入打印平台的卡槽中时，应确保平板受力均匀。当插入或取下平板时，请用手按住平台两侧的金属卡槽。

（3）校准喷嘴高度。

为确保打印成功，平台的初始高度应设置为距喷嘴 0.2mm 处，打印前请根据实际情况进行设置。（喷嘴与平台间的正确距离将会记录在"打印"界面的"喷嘴高度"对话框中）。

（4）打印设置选项。

单击"三维打印"选项内的"设置"，将会出现如图 8 – 3 所示的界面。

① 设定打印层厚，根据模型的不同，每层厚度设定为 0.2 ~ 0.35mm。

② 在打印实际模型之前，打印机会先打印出一部分底层。当打印

机开始打印时，它首先沿着 Y 轴方向打印出一部分不坚固的丝材。打
印机将持续横向打印支撑材料，直到开始打印主材料时，打印机才开始
一层层地打印实际模型，如图 8 - 4 所示。

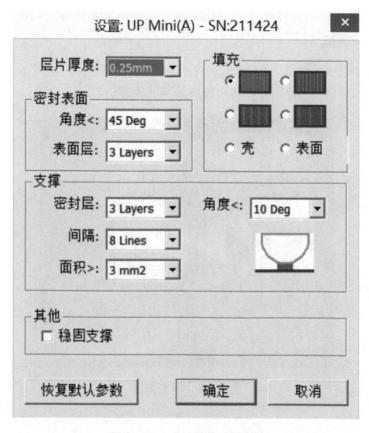

图 8 - 3　"设置"对话框

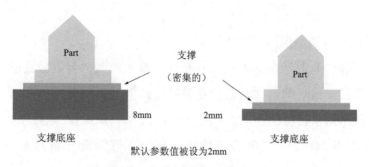

图 8 - 4　底层支撑打印

③ 表面层。这个参数将决定打印底层的层数。例如，如果将此参数设置成3，机器在打印实体模型之前会打印3层，但是这并不影响壁厚，所有的填充模式几乎有同样的厚度（接近1.5mm）。

④ 角度。这部分角度决定在什么时候添加支撑结构。如果角度小，系统自动添加支撑。

⑤ 填充选项。

其包括如图8-5所示的4种内部填充支撑方式。

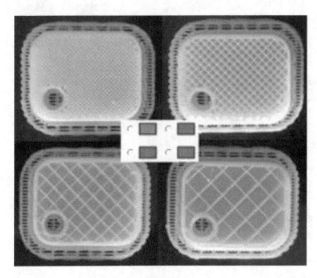

图8-5　填充方式

8.4　开始打印

在打印前请确保以下几点：

① 连接3D打印机，并初始化机器。载入模型并将其放在软件窗口的适当位置。检查剩余材料是否足够打印此模型（当开始打印时，通常软件会提示剩余材料是否足够使用），如果不够，请更换一卷新的丝材。

② 单击3D打印菜单的"预热"按钮，打印机开始对平台加热。在温度达到100℃（实际可能只达到60℃）时开始打印。

③ 喷头外侧的风口拨片可以控制风扇气流的强度，以改善打印质量。通常情况下，可以调节拨片从而关闭风口。如风口处的气流过大，其有可能使模型在打印过程中发生底部翘曲或开裂。

单击 3D 打印软件的"打印"按钮，出现如图 8 - 6 所示的对话框，设置打印参数，单击"确定"按钮开始打印。

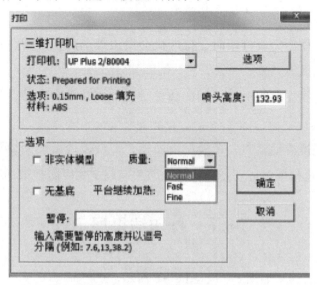

图 8 - 6 "打印"对话框

打印选项分别为：

① 质量。其分为普通、快速、精细三个选项。此选项同时也决定了打印机的成型速度。通常情况下，打印速度越慢，成型质量越好。对于模型高的部分，若以最快的速度打印，打印时的颤动会影响模型的成型质量。对于表面积大的模型，由于其表面有多个部分，打印的速度被设置成"精细"也容易出现问题，打印时间越长，模型的角落部分越容易卷曲。

② 非实体模型。当所要打印的模型为非完全实体，如存在不完全面时，请选择此项。

③ 无基底。如选择此项，在打印模型前将不会产生基底。该模式可以提升模型底部平面的打印质量。当选择此项后，将不能进行自动水平校准。

④ 暂停。可在方框内输入想要暂停打印的高度，当打印机打印至该高度时，将会自动暂停打印，直至用户单击"恢复打印位置"按钮。请注意：在暂停打印期间，喷嘴将会保持高温。

8.5　移除模型

① 当模型完成打印时，打印机会发出蜂鸣声，喷嘴和打印平台会停止加热。

② 将扣在打印平台周围的弹簧顺时针别在平台底部，将打印平台轻轻撤出。

③ 慢慢滑动铲刀，在模型下面把铲刀慢慢地滑动到模型下面，来回移动以撬松模型。切记在撬模型时要佩戴手套以防被烫伤。

8.6　打印结果展示

打印的结果如图 8-7、图 8-8 所示。

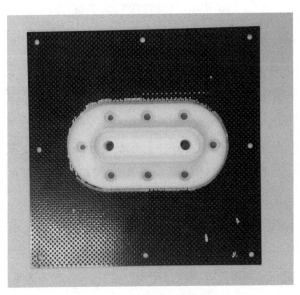

图 8-7　未移除的模型

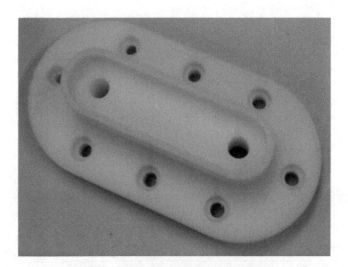

图 8 - 8 移除支撑材料后的模型

参 考 文 献

［1］宁汝新，赵汝嘉. CAD/CAM 技术［M］. 北京：机械工业出版社，2005.

［2］唐承统，阎艳. 计算机辅助设计与制造［M］. 北京：北京理工大学出版社，2008.

［2］诸忠. UGNX 8.5 基础教程［M］. 北京：电子工业出版社，2014.

［3］张洪才. ANSYS 14.0 理论解析与工程应用实例［M］. 北京：机械工业出版社，2012.

［4］UP 3D 打印 – mini 使用手册.